BEI GRIN MACHT SICH IHR WISSEN BEZAHLT

- Wir veröffentlichen Ihre Hausarbeit, Bachelor- und Masterarbeit

- Ihr eigenes eBook und Buch - weltweit in allen wichtigen Shops

- Verdienen Sie an jedem Verkauf

Jetzt bei www.GRIN.com hochladen und kostenlos publizieren

Bibliografische Information der Deutschen Nationalbibliothek:

Die Deutsche Bibliothek verzeichnet diese Publikation in der Deutschen National-
bibliografie; detaillierte bibliografische Daten sind im Internet über http://dnb.d-
nb.de/ abrufbar.

Dieses Werk sowie alle darin enthaltenen einzelnen Beiträge und Abbildungen
sind urheberrechtlich geschützt. Jede Verwertung, die nicht ausdrücklich vom
Urheberrechtsschutz zugelassen ist, bedarf der vorherigen Zustimmung des Verla-
ges. Das gilt insbesondere für Vervielfältigungen, Bearbeitungen, Übersetzungen,
Mikroverfilmungen, Auswertungen durch Datenbanken und für die Einspeicherung
und Verarbeitung in elektronische Systeme. Alle Rechte, auch die des auszugsweisen
Nachdrucks, der fotomechanischen Wiedergabe (einschließlich Mikrokopie) sowie
der Auswertung durch Datenbanken oder ähnliche Einrichtungen, vorbehalten.

Impressum:

Copyright © 2017 GRIN Verlag
Druck und Bindung: Books on Demand GmbH, Norderstedt Germany
ISBN: 9783668681415

Dieses Buch bei GRIN:

https://www.grin.com/document/417912

Paul Schmieder

Die Probleme Feinstaub, Stickstoffoxide, FCKW und Atmosphäre in unserer modernen Gesellschaft und mögliche Lösungsansätze

GRIN Verlag

Albert-Einstein-Gymnasium Reutlingen

GFS Chemie

zum Thema:

„Umweltchemie"

vorgelegt von: Paul Schmieder

eingereicht am: Montag, den 29.01.2018

Inhaltsverzeichnis

1. Einleitung und Fragestellung

Dass jeder Einzelne, sowie wir als Gesellschaft noch mehr auf unsere Umwelt achten sollten und Methoden finden müssen, diese nachhaltig zu schützen, ist mittlerweile den meisten Menschen bewusst. Auch große, transnationale Organisationen wie die EU oder gar die UN haben die Notwendigkeit erkannt und bereits entsprechende Richtlinien und Ziele vorgegeben, die beispielsweise eine Reduktion der EU-weiten Treibhausgasemissionen bis 2030 um 40% sowie eine Erhöhung des Anteils erneuerbarer Energien auf mindestens 27% beinhalten. [1]

Um diese Ziele zu erreichen, bedarf es nicht nur willige Kooperationspartner sondern auch die entsprechenden wissenschaftlichen Methoden und technischen Entwicklungen.

Was die treibenden Kräfte hinter dem überall bekannten „Klimawandel" sind und inwiefern sich deren Ausmaß mit chemisch-technischen Methoden reduziert werden kann, soll im folgenden untersucht werden.

Oder anders formuliert: „Wie können wir mit Chemie die Umwelt schützen?"

2. Probleme und Lösungsansätze

Im Nachfolgenden möchte ich mich auf die Bearbeitung vier verschiedener Problemfelder konzentrieren: Feinstaub, Stickstoffoxide, FCKW und Atmosphäre. Hierfür unterteile ich die Bearbeitung jeweils in „Probleme" (wozu auch die Beschreibung des Stoffes und die Umstände des Problems zählen) sowie „Lösungen", wie potenzielle Lösungsansätze oder bereits bestehende Lösungsmöglichkeiten behandelt werden.

2.1.a Feinstaub – Probleme

Feinstaub - ein kleines Molekül, das zahlreichen Großstädten zu schaffen macht. Feinstaub misst einen maximalen Durchmesser von 10µm und wird hauptsächlich in PM10 und PM2,5 unterschieden, wobei PM für particulate matter (=Feinstaub) steht und die Zahl den Durchmesser des Teilchens in µm angibt [Q2]. Man unterscheidet zusätzlich zwischen primären und sekundären Partikeln. Als primären Feinstaub bezeichnet man die Partikel, die unmittelbar an verschiedenen Quellen in die Luft freigegeben werden, was beispielsweise bei Verbrennungsprozessen der Fall ist. Die sekundären Partikel hingegen entstehen erst durch Reaktionen zwischen Gasen, sogenannten Vorläufersubstanzen. Beispiele für solche Substanzen sind Schwefeldioxid (NO_2), Stickoxide (NO_x) und Ammoniak (NH_3). Feinstaub gehört zur darüber hinaus Gruppe der Aerosole, die wiederum eine Untergruppe der Dispersion sind. Eine Dispersion ist der Oberbegriff für ein heterogenes Gemisch, in dem „ein oder mehrere Stoffe (disperse Phase) fein verteilt in einem anderen kontinuierlichen Stoff (Dispersionsmedium)"[Q3] sind. Auf den Feinstaub bezogen befinden sich viele kleine Festkörper in einem Gasgemisch, weshalb Feinstaub auch nur sehr langsam absinkt[Q4]. Die Feinstaubpartikel können zum einen durch natürliche Quellen entstehen, wie beispielsweise Verbrennungsprozesse oder Vulkanausbrüche, was ungefähr 90% der Gesamtursache für Feinstaub ausmacht. Die restlichen 10% sind anthropogen, d.h. menschengemacht. In Großstädten sind jedoch menschliche Aktivitäten die Hauptursache. Auch wenn in Deutschland seit den 1960er Jahren die Gesamtjahresanzahl an Feinstaub von 3 Millionen Tonnen rückläufig bis auf circa 200 000 Tonnen im Jahr 2004 ist, haben deutsche Großstädte wie z.B. Stuttgart noch immer massive Probleme damit, langfristige Maßnahmen gegen die PM10- Belastung zu ergreifen. Die Website „Stadtklima Stuttgart" hat preisgegeben, dass der Straßenverkehr (Rußpartikel, Straßenstaub, etc.), die Industrie (v.a. Bauwirtschaft) und die Kleinfeuerungen bzw. Hausheizungen maßgeblich für die Feinstaubbelastung im Raum Stuttgart verantwortlich sind[Q5]. Gerade an unserem eigenen Körper können das komplexe Stoffgemisch große Schäden anrichten. Dabei gilt die grobe Regel: Je kleiner, desto schädlicher. Unsere Nasenschleimhaut kann größere Partikel in den Magen-Darm-Trakt befördern und somit vernichten, die kleinen PM2.5 jedoch können bis in die Lungenbläschen oder gar den Blutkreislauf eindringen. Das hat Entzündungen, asthmatischen Beschwerden bis hin zu Herz-Kreislauf-Störungen oder gar Krebs führen[Q6]. Die „Apotheken-Umschau" veröffentlicht verheerende Zahlen: „Dringen die bakterien-großen Partikel in die Lungenbläschen ein, fährt der Körper seine ganze Abwehr auf, um sie wieder loszuwerden. Damit schädigt er sein eigenes Gewebe – was wiederum das Risiko für Krebs erhöht. Jährlich sterben 47.000 Menschen in Deutschland an den Folgen der Luftverschmutzung durch Feinstaub und Stickstoffoxide, schätzte das Umweltbundesamt im Jahr 2014."[Q7] Aber nicht nur durch unser bewusstes Verbrennen von fossilen Brennstoffen in Industrie sowie dem Bereich der alltäglichen Luxusgüter(Auto, Kamin, etc.) riskieren wir unsere Gesundheit, auch das alljährliche Feuerwerk zum Neujahr lässt die täglichen Werte des Feinstaubgehalts in der Luft in die Höhe schießen: Jedes Mal zum Jahreswechsel werden rund 5000 Tonnen Feinstaub freigesetzt, und das allein in Deutschland. Obwohl laut EU-Richtlinien der Tageswert von 50µg/ m³ nur an 35 Tagen überschritten werden darf, überschreiten die ersten Januare die Richtlinien bei Weitem. In einer Station in München wurden am 1.1.17 564 µg/m³ gemessen.

2.1.b Feinstaub – Lösungen

Im Laufe der Jahrzehnte haben sich gerade in Stuttgart einige Maßnahmen etabliert und bewährt, wenn auch die Feinstaubbelastung noch immer zu hoch ist. Einerseits hat sich Deutschland als Bundesstaat an die EU-Richtlinien zu halten, weshalb- wie bereits er-wähnt- der Feinstaubgehalt pro Tag die 50µg/ m³-Marke nicht über-schreiten darf. Ist das doch der Fall, ist es schon häufiger vorge-kommen, dass ein sogenannter Feinstaubalarm ausgelöst wird, so-bald der „Deutsche Wetterdienst an mindestens zwei aufeinanderf-olgenden Tagen ein stark eingeschränktes Austauschvermögen der Atmosphäre prognostiziert hat"[Q8]. Dabei werden Anreize für die Bewohner oder dort Arbeitende geschaffen, von ihrem PKW auf öf-fentliche Verkehrsmittel umzusteigen. Aktuell ist dabei das „Um-weltTagesTicket", das von dem VVS angeboten wird. Es zeigt sich, dass verschiedene Länder verschiedene Konzepte zur Luftreinhal-tung entwickelt haben. So verlangt London eine City Maut, die so-genannte „Congestion Charge" (CC), d.h. Autofahrer dürfen die In-nenstadt nur gegen eine bestimmte Gebühr befahren. In Italien so-wie auch in einigen anderen Staaten gilt ein Sonntagsfahrverbot für Lastkraftwagen über 7,5 Tonnen, wobei in Italien die Auflagen in den Sommermonaten noch härter sind [Q9]. Im Folgenden soll eine weitere Methode vorgestellt werden, die zur Entlastung der Umwelt beitragen kann- die Dieselpartikelfilter. Diese bestehen aus einer porösen Keramik (meist Siliziumcarbid), welche eine waben-förmige Struktur aufweist und eine Vielzahl an Kanälen hat, die an beiden Enden verschlossen sind. Dadurch muss das durchströmen-de Rohabgas die Filterwände durchströmen. Dadurch bleiben die großen Rußpartikel und andere größere Schadstoffe hängen und rußfreies Abgas wird in die Luft freigegeben. Jedoch haben sowohl die Filter mit Additiven als auch die ohne Additive nur eine begrenz-te Aufnahmekapazität des Rußes, weshalb die Filter ca. alle 180 000 km ausgebaut und mechanisch gereinigt werden müssen, um Motorschäden (wie z.B. rußbedingte Ölverdünnung etc.) zu vermei-den. Doch ganz allgemein gilt: Es sollte auf neue Antriebsmethoden gesetzt werden, nicht nur beim Auto, sondern auch in allen anderen Bereichen, die Energie benötigen. Staatliche Fördergelder würden die energieeffiziente Stadtplanung und Luftreinhaltepläne vorantreiben und beschleunigen. Um die Verkehrsdichte in den Großstädten und den daraus resultierenden Feinstaubgehalt zu reduzieren, sollte das Verkehrsnetz der öffentlichen Verkehrsmittel zusätzlich ausgebaut werden, um einen nachhaltige Verbesserung der Lage zu erlangen.

2.2.a Stickoxide - Probleme

Ähnlich wie der Feinstaub bergen auch Stickstoffoxide Risiken bezüglich der Umwelt und deren Auswirkungen auf die menschliche Gesundheit. Stickstoffoxide werden mit NO_x symbolisiert, da Stickstoff mehrere Oxidationsstufen besitzt und deshalb mehrere verschiedene Stickstoff-Sauerstoffverbindungen entstehen. Stickoxide sind nicht mit nitrosen Gasen gleichzusetzen [Q10], welche lediglich das Gemisch aus Stickstoffmonoxid und Stickstoffdioxid bezeichnen und nicht die Gesamtheit aller Stickstoffoxide beschreiben. Stickoxide können sowohl aus anthropogenen als auch aus natürlichen, atmosphärischen Prozessen heraus entstehen. Stickoxide sind einerseits die entstehenden Abgase bei der Verbrennung fossiler Brennstoffe, andererseits zu einem großen Teil durch Blitze. Jährlich entstehen durch Blitze deshalb bis zu 20 Millionen Tonnen Stickstoffoxid[Q10]. Dabei ist immer eine Energiezufuhr zur Bildung nötig, denn Stickoxide entstehen ausschließlich durch endotherme Reaktionen, was demnach auch die technische Verwendbarkeit als Oxidationsmittel bedingt. Gegenüber Wasser neigen Stickstoffoxide zur Säurebildung, weshalb diese Stoffe auf den Menschen toxisch-reizend wirken. Nitrose Gase haben einen so stechenden Geruch, dass sich im menschlichen Körper auch noch 24 Stunden nach der Inhalation Lungenödeme bilden können. Die Lebensdauer dieser Stoffe beträgt am Boden bis zu einem Tag, in mehreren Kilometern Höhe jedoch mehrere Wochen, weshalb sie für das Klima gefährlich, also klimawirksam, sind. Die Problematik in Deutschland wird fälschlicherweise oft vernachlässigt, da man

sich auf einen Rückgang der Zahlen von 1990-2014 um 50% ver-
lässt. Dies ist zwar durchaus richtig, beinhaltet aber nur den Rückgang, was den Verkehr anbelangt. Tatsächlich hat sich die Gesamt-
anzahl an Stickstoffoxiden in Deutschland kaum verändert. Sowohl
für das Klima als auch für den Menschen ist die Wirkung der Stoffe
kritisch. Im Jahre 2012 gab es 10400[Q11] Todesfälle aufgrund der
Schadstoffbelastung. Stickoxide greifen die Schleimhäute an, verur-
sachen Atemprobleme und führen zu einer Bronchienverengung.
Auch die Böden haben darunter zu leiden, da durch den „Sauren
Regen" die Böden versauern und geringere Erträge bringen:

$$2\ NO_2 + H_2O \rightarrow HNO_2 + HNO_3$$
$$N_2O_4 + H_2O \rightarrow HNO_2 + HNO_3$$

Wenn demnach also Stickstoffdioxid bzw. Distickstofftetroxid mit
Wasser reagiert, entstehen Salpetrige Säure (HNO_2) und Salpeters-
äure (HNO_3)[Q10]. Solche Reaktionen können in der Luft stattfin-
den und bei einer Kondensation als Regen herabfallen. Stickstoffdioxid kann mit Luftsauerstoff aber auch Ozon und Stickstoffmonoxid
bilden[Q10] und ist somit beteiligt an der Bildung bodennahen Oz-
ons. Daran sieht man, wie gefährlich Stickstoffoxide für die Umwelt
sind und dennoch wurde in Stuttgart der Stundengrenzwert von
$200\mu g/m^3$ 196 Mal überschritten, wobei nach der EU-Richtlinie nur
18 Mal erlaubt ist [Q12].

2.2.b Stickoxide – Lösungen

Die Lösungsmöglichkeiten bzw. die Maßnahmen, die gegen den hohen Stickoxidgehalt in der Luft ergriffen werden können, lassen sich
in Primär- und Sekundärmaßnahmen[Q10] unterteilen. Die Primär-
maßnahmen sollen eine Entstehung von NO_X im Feuerungsprozess
verhindern, indem man Techniken wie z.B. Luftstufung oder in-
bzw. externe Abgasrückführung verwendet. die Sekundärmaßnahmen hingegen intendieren eine katalytische oder nichtkatalytische
Reduktion der Stickstoffoxide zu elementarem Stickstoff.

Neben offensichtlicher Maßnahmen wie der Förderung der öffentlichen Verkehrsmittel sowie die staatliche Unterstützung bei nichtmotorisiertem Verkehr, sollen nun zwei weitere Lösungsansätze vorgestellt werden: Einerseits hat sich im Rahmen der Sekundärmaßnahmen die Einführung von SCR-Katalysatoren bei bereits in Betrieb genommenen Fahrzeugen. Diese Katalysatoren erreichen eine selektive Reduktion der Stickoxide zu elementarem Stickstoff und Wasser mit einem hohen Wirkungsgrad. Dies geht mit den neuen, europäischen Grenzwerten für NO_x-Ausstoß einher. Fast alle neuen Laster, die seit Oktober 2006 gebaut wurden, sind mit der SCR-Technologie[Q13] ausgerüstet

Zum zweiten wurde die Blaue Plakette[Q14] eingeführt. Diese hat strenge Auflagen für die Personen- oder Lastkraftwagenfahrer bezüglich der NO_x-Emissionen. Um diese umweltfreundliche Plakette weiter voranzubringen, kann man in einigen Teilen der Stadt Fahrverbote für Autos veranlassen, die dem niedrigen NO_x-Ausstoß nicht gerecht werden.

Damit können Sanktionen verhindert werden, wenn die Grenzwerte unzulänglich beachtet und umgesetzt werden. Insgesamt kann man durch die Blaue Plakette auch den Beliebtheitsgrad der Elektro-Autos steigern, denn E-Autos müssen den Grenzwerten der NO_x-Emissionen entsprechen.

2.3.a FCKW – Probleme

Fluorchlorkohlenwasserstoffe (kurz FCKW) bzw. Chorfluorkohlenwasserstoffe (nach IUPAC) sind als gasförmig vorliegende Kohlenwasserstoffe, deren Wasserstoffatome durch die Halogene Chlor oder Fluor ersetzt wurden, bekannt. Sie sind somit eine Untergruppe der Halogenkohlenwasserstoffe und als organische Verbindungen einzustufen.

Da FCKW unbrennbar, geruchlos sowie ungiftig sind und beim Verdampfen große Wärmemengen absorbieren können, werden sie vor allem als Kältemittel, Lösemittel oder Treibgase verwendet [Q15] Problematisch für die Umwelt sind hingehen andere Eigenschaften der FCKW: ihre Reaktionsträgheit sowie ihre hohe Flüchtigkeit als Gase. Vorallem wenn keine „teilhalogenierten" und hochmolekulare FCKW vorliegen, erhöht sich die Wahrscheinlichkeit, dass der Stoff bis in die Stratosphäre aufsteigt und dort von UV-Strahlung der Sonne zerlegt wird. Die entstanden Radikale reagieren dann und schädigen die Ozonschicht.

2.3.b FCKW – Lösungen

Auch wenn FCKW heutzutage größtenteils verboten sind, gibt es immer noch Branchen und Länder, in denen diese umweltschädlichen Stoffe weiterhin verwendet werden. Darüber hinaus findet man immer noch große Mengen an FCKW-Rückständen alter Kühlschränke, in denen FCKW als Kältemittel verwendet wurde. [Q16]

Somit wäre der richtige Ansatz, ein alternatives Kältemittel zu entwickeln. In Frage kommen beispielsweise Propan, Butan, Pentan, Ammoniak oder Kohlenstoffdioxid, wobei die ersten drei feuergefährlich und Ammoniak ätzend und giftig ist. Für Spraydosen, wo FCKW als Treibgas verwendet wurde, wird nun größtenteils ein Alkangemisch aus Propan und Butan verwendet, als Kühlmittel bliebe noch Kohlenstoffdioxid (Trockeneis) wobei im Bereich der privaten Kühlgeräte auch eher auf ein Isobutan zurückgegriffen wird. [Q17]

Um das unsachgemäße Recycling alter, mit FCKW betriebener Kühlschränke zu beenden und die Rückstände entsprechend zu entfernen und unschädlich zu machen, könnten Prämien an Privathaushalte, die ihre Kühlschränke abgeben, sowie Wertstoffhöfe, die diese annehmen und angemessen recyclen, ausgegeben werden.

2.4.a Atmosphäre – Probleme

Würde der Mensch nicht in das Ökosystem Erde eingreifen, müsste er sich auch keine Sorge um dessen Zukunft machen, da die Natur ein ausgeklügeltes System aus Mechanismen besitzt, um für kontinuierlichen Wechsel zwischen Wäme-und Kälteperiode zu sorgen und dabei durch ausreichend Wald-und Korallenbestände auf der Welt die Atmosphäre so sauber zu halten, dass daneben auch Zellatmung-betreibendes Leben existieren kann. Durch den steigenden anthropogenen (menschlichen) auf das weltweite Ökosystem und das Klima ist das naturgegebene Gleichgewicht allerdings gefährdet.

Durch Bohrkernproben im „ewigen Eis" (den Polargebieten) lassen sich Rückschlüsse auf den Verlauf der Temperatur und somit auch den CO_2-Gehalt der Atmosphäre ziehen. Hierbei werden Bohrungen in verschiedenen Eisschichten genommen um das Wasser und die Spurenstoffe zu analysieren. Das Isotopenverhältnis gibt dann Aufschluss über die Temperatur zur Zeit der Entstehung der Eisschicht (je weiter unten und dichter die Schicht, desto älter) und den damit in Verbindung stehenden CO2-Gehalt der Atmosphäre. Ein Isotop ist ein Molekül, dessen Atomkern zwar gleich viele Protonen, aber unterschiedlich viele Neutronen besitzt. Für die Forschung ist dann beispielsweise ein Isotopenverhältnis mit besonders hohem Anteil des ^2H (Deuterium) statt des ^1H (Protium) von bedeutendem Ergebnis. [Q18]

Folgender Verlauf der CO2-Konzentration, angegeben in Partikel pro M^2 ergab sich aus den Messungen des Jahres 1958. [Q19]

Davon abzulesen ist die Erkenntnis dass der CO2-Gehalt in der Atmosphäre in den letzten 800 000 Jahren regelmäßig zwischen einem wiederkehrenden Hoch -und Tiefpunkt schwankte (180 ppm

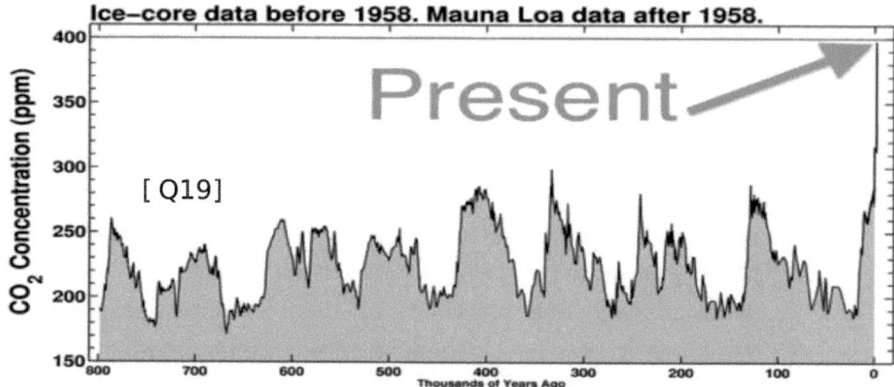

Ice–core data before 1958. Mauna Loa data after 1958.

bis 280 ppm) wobei diese Schwankungen auf durch regelmäßig wiederkehrende Eiszeiten zurückzuführen sind.

Blickt man nun auf die letzten eintausend Jahre ergibt sich ein unregelmäßiges Ergebnis: Die CO2-Konzentration stieg in kürzester Zeit bis auf knapp 400 ppm an und erreicht somit das 1,5-fache des gängigen Maximas. Dies ist auf menschliches Eingreifen in den CO2-Kreislauf der Erde zurückzuführen. Mit Beginn der Industrialisierung und den, seitdem kontinuierlich ansteigenden CO2-Emissionen durch Verkehr, Industrie, und Privathaushalte erhöht sich auch der absolute Anteil der CO2-Partikel in der Atmosphäre.

Bedenkt man dann noch die Funktionsweise des sogenannten Treibhauseffektes wird das menschliche Eingreifen in die Wirkungsgefüge der Natur zum Problem. Wenn kurzwellige Sonnenstrahlung auf die Erdoberfläche trifft, wird diese reflektiert und dabei in langwelligere Wärmestrahlung umgewandelt. Spurengase wie CO2, Methan oder FCKW in der Atmosphäre sorgen nun dafür, dass diese Strahlung erneut reflektiert wird und nur ein Teil wieder zurück in den Weltraum gelangt. Die Folge ist ein Temperaturanstieg auf der Erde, da mehr Energie vorhanden ist, als zuvor.[Q20]

Problematisch wird dies dann, wenn die jährliche Erderwärmung ein gewisses Maß überschreitet, sodass die Polargebiete schmelzen, der Meeresspiegel steigt (Küstengebiete werden bedroht) und Gebiete, die ohnehin vom Wassermangel betroffen sind, werden mit zunehmender Desertifikation konfrontiert.

Dass die oben genannten Treibhauseffekt-fördernden Spurenstoffe noch von einer weiteren chemische Eigenschaft geprägt sind, erschwert die Lösungssuche. Die Persistenz beschreibt dabei die Eigenschaft einer Chemikalie zu bestehen, ohne durch chemische oder physikalische Prozesse verändert zu werden. Dies ist zwar dann hilfreich, wenn ein Stoff mit hoher Stabilität gewünscht ist, nicht aber in der Atmosphäre, wo solche Stoffe eher Schadpotenzial bergen.

Die Persistenz eines Moleküls steigt allgemein mit der Zahl der Substituenten, während Halogene die Persistenz mehr erhöhen als Alkylreste. Desweiteren haben gesättigte (aus lediglich 1-fach-Bindungen bestehende) Stoffe eine höhere Persistenz als Ungesättigte. Weitere Stoffe mit hoher Persistenz sind beispielsweise organische Chlorverbindungen wie FCKW. Diese und auch die Stoffe CO_2, sowie CH_4 (Methan) und NO_x, welche allesamt eine große Rolle beim Klimawandel spielen, haben auch eine schädlich-hohe Persistenz. Methan beispielsweise verbleibt 12 Jahre in der Atmosphäre, Stickstoffoxide (NO_x) sogar bis zu 114 Jahre, ehe es in umweltunkritische Produkte zerfällt. [Q21]

Als Gegenmaßnahme dazu hat die Natur im Laufe der Evolution diverse Mechanismen entwickelt. So hilft beispielsweise die Photosynthese Pflanzen dabei, aus CO_2 und Wasser (mithilfe von Energie aus Sonnenlicht) Glucose und Sauerstoff herzustellen. Die Glucose dient dabei als organisches Baumaterial zum Wachstum der Pflanzen, während der Sauerstoff zurück in die Atmosphäre abgegeben wird. Dieser kann dann von Tieren und Menschen zur (Zell)-Atmung genutzt werden, wobei erneut CO_2 entsteht.

Als weitere „Selbstreinigungsmaßnahme" der Atmosphäre dienen die sogenannten „Hydroxil-Radikale" (HO*) - hochreaktive Verbindungen (aufgrund eines ungepaarten Valenzelektrons), welche mit den Schadstoffen der Luft (wie z.b Stickoxide, Kohlenmonoxid oder Kohlenwasserstoff reagieren und diese in eine wasserlösliche Form umwandeln. Mit dem nächsten Regen, können diese Stoffe dann aus der Atmosphäre entfernt werden. Die Hydroxil-Radikale werden durch die Spaltung von Ozon gebildet, die notwendige Energie liefert das Sonnenlicht.[Q22]

2.4.a Atmosphäre – Lösungen

Als Ergänzung zu den bereits existierenden natürlichen Reinigungsmechanismen stellt nun auch der Mensch immer mehr Überlegungen kann, wie er einen eigenen Reinigungsmechanismus erzeugen kann, um die Schäden, die er dem Ökosystem der Erde hinzugefügt hat, zu reversieren.

So ist eine Idee, „künstliche Bäume" zu entwickeln, welche im sogenannten „Air-Capture-Verfahren" CO_2 aus der Atmosphäre filtern, binden und dann anderweitig gezielt nutzbar machen sollen. Hierfür wird auf kleinen Plastikstücken (die angeordnet sind wie die Blätter eines Baumes) ein CO2-bindendes Mittel aufgetragen, z.B Natriumcarbonat und Wasser hinzugefügt. Dies reagiert dann mit dem CO2- aus der Atmosphäre und Natriumhydrogencarbonat entsteht. In einem Filter wird dies später erneut getrennt, sodass man wieder die genannten Ausgangsstoffe erhält, das CO2 nun aber in konzentrierter, separierter Form. Dies kann nun an benachbarte Gewächshäuser geleitet werden, welche damit ihre Ernteerträge um bis zu 20% steigern können. [Q23]

Ein solcher „Baum" könnte pro Tag bis zu einer Tonne CO2 binden. Diesem Wert zufolge man gut 100 Millionen solcher Bäume, um die weltweiten, jährlichen Emissionen auszugleichen. [Q24] Problem dabei ist, dass ein solcher Baum in der Anschaffung rund 20 000€, sowie in den laufenden Kosten bis zu 200€ pro Tonne, benötigt. Meinen Berechnungen zufolge, würde man somit einen Einmalbetrag von gut 2 Billionen €, sowie einen jährlichen Betrag von rund 7,3 Billionen € benötigen, um die weltweiten CO_2-Emissionen restlos auszugleichen.

Im Angesicht dieser utopischen Summe, scheidet die Verwendung der künstlichen Bäume als Einzellösung zur Bekämpfung des Klimawandels aus. Hinzu kommt der entscheidende Faktor, dass sich ein solches Verfahren erst ab einer CO_2-Konzentration on ca. 4%, nicht den in der Atmosphäre üblichen 0,4% lohnt. Die Technik des Air-Capture-Verfahrens ist somit nicht rentabel für eine allgemeine Verwendung, vielmehr dient sie als Notlösung bzw. zur Filterung von Abgasen mit höherer CO_2-Konzentration, beispielsweise an Kohlekraftwerken.

Eine weitere Idee ist es, CO_2 als Treibstoff zu verwenden. Auch wenn dies auf den ersten Blick merkwürdig erscheint, haben Forscher tatsächlich einen möglichen Weg gefunden. So soll ein Nanokatalysator aus Kupfer und Kohlenstoff-Spitzen, welcher in Wasser getaucht und unter Strom gesetzt wird, einzuleitendes CO_2 binden und in ein Gemisch aus größtenteils Ethanol umwandeln. [Q24] Dieser läuft bei Zimmertemperatur ab und die benötigten Rohstoffe sind billig und in großen Mengen verfügbar.

Doch auch diese Vorhaben eignet sich nicht, um die Atmosphäre weiträumig zu „filtern", da die durchschnittliche Konzentration zu gering und zudem Energie für die Reaktion aufgewendet werden muss. Vorallem wenn diese aus nicht erneuerbaren Quellen stammt, schadet man der CO_2-Bilanz letztendlich mehr damit, als das man ihr gutes tut. Die Idee, CO_2 als Treibstoff zu verwenden ist zwar möglich, da das im Prozess gewonnene Ethanol tatsächlich als Treibstoff für die entsprechenden Autos gewonnen werden kann, vielmehr sollte man das Verfahren aber als Energiespeicherungsoption ansehen. Zu Spitzenzeiten der erneuerbaren Energien (Wind-, Solar-, Wasserkraft) kann überschüssige Energie dazu benutzt werden, CO_2 in Ethanol umzuwandeln. Dieses kann dann zu Zeiten des Energiemangels als Treibstoff für Generatoren genutzt werden, wobei allerdings darauf geachtet werden sollte, dass emittierende CO_2 direkt wieder zu binden.

3. Zusammenfassung

3.1 Zusammenfassung der Probleme

Die Probleme, mit welchen sich der Mensch zu beschäftigen hat, wenn er ein unkompliziertes Überleben seiner Spezies gewährleisten will, sind einerseits von natürlicher, andererseits von menschlicher Herkunft.

Einerseits emittiert der Mensch zu viele Schadstoffe wie CO_2, NOx, FCKW und CH_4 (in der Massentierhaltung) und schwächt gleichzeitig die Selbstreinigungskraft der Erde, indem er großflächig Waldbestände abholzt oder gar rodet (wobei weiteres CO_2 emittiert wird).

Andererseits gibt es auch einige grundlegende naturgegeben Umstände, die außerhalb des direkten Einflusses des Menschen liegen, welche den Klimawandel zusätzlich begünstigen. Hier sei noch einmal der Treibhauseffekt, die Persistenz einer Chemikalie (vom Menschen emittierte Schadstoffe haben Eigenschaften, die diese Stoffe besonders lange in der Atmosphäre verbleiben lassen) sowie den Ozonabbau durch Hydroxil-Radikale.

Wenn der Mensch weiterhin in einem gesunden Umfeld leben will muss er sich schleunigst auf Lösungssuche begeben und Initiative ergreifen, diese auch Lösungsvorschläge auch umzusetzen.

3.2 Zusammenfassung der Lösungsansätze

Um noch einmal einen Überblick über die genannten (und weitere) Lösungsmöglichkeiten zu geben, möchte ich diese in „weiche" und „harte" Ansätze unterteilen.

Weiche Lösungen sind wirtschaftlich-politisch geprägte Ansätze und bezeichnen allgemein die Unterdrückung von schädlichen Technologien und gleichzeitige Subventionen von neuen, unschädlichen Technologien. So könnte eine CO_2-Steuer eingeführt (bzw. der CO_2-Zertifikate-Handel adaptiert) werden, um Länder oder auch einzelne Unternehmen dafür zu bestrafen, zu viel CO_2 zu emittieren. Darüber hinaus können Subventionen für E-Autos, Solarzellen oder allgemein der Entwicklung von neuen, regenerativen Energien und nachhaltigen Antriebstechniken, diesen Gebieten neues Wachstum verschaffen. Sowohl für Investoren als auch potenzielle Kunden entsteht durch künstliche Preisverringerungen ein Anreiz, sich in diesen finanziell zu engagieren.

Harte Lösungen sind die, die sich auf konkrete Technologien beziehen und unmittelbar messbar gemacht werden können. So können durch eine erhöhte Rohstoff-und Materialeffizient beispielsweise bis zu 100 Milliarden Euro deutschlandweit gespart werden. [Q26] Ferner sollte weiter an effizienteren Partikelfiltern für Stellen geforscht werden, an denen die Verwendung fossiler Brennstoffe unerlässlich ist. Gleichzeitig sollten stetig nach neuen Stoffen und Reaktionswegen geforscht und so neue Technologien entwickelt werden. Ethanol als Energiespeicher, Wasserstoffbrennzellen für Zuhause, kompostierbares Plastik bzw. Verpackungsmaterialien aus Milch-Proteinen [Q27] sind in dieser Richtung gute Ansätze. Das Air-Capture-Verfahren kann als Notlösung dienen und an geeigneten Stellen dazu verwendet werden, CO2 zu binden und in konzentrierter Form bewusst einzusetzen, beispielsweise in Gewächshäusern.

4. Fazit und Ideen für die Einzelperson

Trotz allen Errungenschaften und in Aussicht stehenden Neuerungen und Wissenschaft und Technik muss der Mensch Verantwortung ergreifen und sein persönliches Handeln ändern. Ganz nach dem Motto „Was soll einer alleine dagegen schon ausrichten?", fragte die halbe Menschheit, muss auch nun begonnen werden, Initiative zu ergreifen und sein eigenes Handeln anzupassen.

Es hilft beispielsweise schon, vom PKW auf das Fahrrad oder die öffentlichen Verkehrsmittel umzusteigen. Damit spart man nicht nur Geld und schützt die Umwelt sondern tut auch noch seiner Gesundheit etwas gutes (Fahrrad fahren verbraucht Kalorien und Bus fahren verursacht weniger Unfälle als Auto fahren [Q28].

Was man sich ebenfalls angewöhnen kann, ist, zum Einkaufen einfach einen Stoffbeutel mitzunehmen und seine Ware (samt dem Obst und Gemüse, das man normalerweise in Plastikbeutel einpackt) dort hineinzupacken. Zudem bietet es sich an, die Suchmaschine ecosia.org als seine Startseite einzurichten. Sie liefert ähnliche Suchergebnisse wie Google (bezieht ihre Ergebnisse von bing), spendet aber 80% ihres Gewinnes für Wiederaufforstungsprojekte – und hat damit schon 20 Millionen Bäume finanziert.

Schließlich ist es immer hilfreich, sich stets weiterzubilden, eine eigene Meinung zu entwickeln und diese zu verbreiten. Für die weitere Lektüre, was das Thema Umwelt und persönliche Einflussnahme betrifft, empfehle ich das Buch: „50 einfach Dinge, die Sie tun können, um die Welt zu retten und wie Sie dabei Geld sparen können" von Andreas Schlumberger.

Zu guter letzt sei noch angemerkt, dass man doch mal versuchen solle, seinen Atem anzuhalten, während man sein Geld zählt. Die

Unmöglichkeit dieses Versuches zeigt klar auf, wie wichtig es ist, sich in erster Linie um eine saubere Umwelt zu bemühen und dann um eine funktionierende und effiziente Wirtschaft. Denn wer immer die Macht behalten wird, ist die Natur, auch wenn Wissenschaftler der Geoengineering-Fraktion bereits am Gegenteil arbeiten.

Paul Schmieder

-

5. Quellen

[Q1] (28.01.18)

https://www.nachhaltigkeit.info/artikel/un_klimakonferen_lima_2014_1972.htm

[Q2] (28.01.18)

https://de.wikipedia.org/wiki/Feinstaub#Reduktion

[Q3] (28.01.18)

 https://de.wikipedia.org/wiki/Dispersion_(Chemie)#Beispiele

[Q4](28.01.18)

http://www.zeit.de/wissen/gesundheit/2017-02/luftverschmutzung-feinstaub-stuttgart-gesundheit

[Q5] (28.01.18)

https://www.stadtklima-stuttgart.de/index.php?luft_luftreinhaltung_faq

[Q6](28.01.18)

https://www.lernhelfer.de/schuelerlexikon/chemie/artikel/feinstaub

[Q7](28.01.18)

https://www.apotheken-umschau.de/Umwelt/Feinstaub-Folgen-fuer-die-Gesundheit-528741.html

[Q8] (28.01.18)

https://www.stuttgart.de/feinstaubalarm

[Q9] (28.01.18)

https://de.wikipedia.org/wiki/Wochenendfahrverbot#Italien

[Q10] (28.01.18)

https://de.wikipedia.org/wiki/Stickoxide

[Q11](28.01.18)
https://www.welt.de/newsticker/dpa_nt/afxline/topthemen/hintergruende/article163990304/Welche-Folgen-Stickoxide-fuer-unsere-Gesundheit-haben.html

[Q12] (28.01.18)

https://www.russfrei-fuers-klima.de/themen/stickoxide/gesetzliche-regelungen/

[Q13] (28.01.18)

https://www.russfrei-fuers-klima.de/themen/stickoxlde/m%C3%B6glichkeiten-zur-stickoxid-reduktion/

[Q14] (28.01.18)

https://www.russfrei-fuers-klima.de/themen/stickoxide/blaue-plakette/

[Q15] (28.01.18)

https://de.wikipedia.org/wiki/Fluorchlorkohlenwasserstoffe

[Q16](28.01.18)

http://www.chemie.de/lexikon/Fluorchlorkohlenwasserstoffe.html

[Q17](28.01.18)

https://www.gutefrage.net/frage/welches-kuehlmittel-wird-heute-in-normalen-kuehlschraenken-benutzt

[Q18] (28.01.18)

http://www.internetchemie.info/chemische-elemente/wasserstoff-isotope.php

[Q19] (28.01.18)

http://kaltesonne.de/wp-content/uploads/2017/03/co2-1024x576.jpg

[Q20] (28.01.18)

 https://i.ytimg.com/vi/sg9EhvQiDwQ/maxresdefault.jpg

[Q21] (20.01.18)

https://www.theguardian.com/environment/2012/jan/16/greenhouse-gases-remain-air

[Q22] (20.01.18)

http://www.muenster.de/~c-s/chemie/skripte/Umweltchemie-Kapitel_1-8_18.pdf

[Q23](20.01.18)

https://www.ingenieur.de/technik/fachbereiche/umwelt/co2-luft-filtern-duenger-im-gewaechshaus-einsetzen/

[Q24](20.01.18)

 https://www.youtube.com/watch?v=4R8k0EHgcGM

[Q25] (20.01.18)

https://www.welt.de/wissenschaft/article158941187/Wie-Forscher-aus-einem-Klimakiller-Treibstoff-machen.html

[Q26](20.01.18)

https://www.umweltbundesamt.de/themen/wirtschaft-konsum/wirtschaft-umwelt/einsparpotenziale-fuer-energie-material

[Q27] (20.01.18)

https://www.sciencedaily.com/releases/2016/08/160821093046.htm

[Q28] (20.01.18)

https://www.welt.de/wirtschaft/article111955224/Reisen-im-Auto-ist-deutlich-unsicherer-als-im-Zug.html

WEITERE QUELLEN

http://www.periodensystem.info/periodensystem/ (28.01.18)

http://www.chemie.de/lexikon/Umweltchemie.html (28.01.18)

https://www.gdch.de/netzwerk-strukturen/fachstrukturen/umweltchemie-und-oekotoxikologie.html (28.01.18)

http://internetchemie.info/chemie/umweltchemie.htm (28.01.18)

BILDER:

-Feinstaubalarm:
https://t3.ftcdn.net/jpg/01/38/17/02/500_F_138170256_atGxsQaXtDBrKHMUgpEPDRSNNPeGt2eJ.jpg

-Umweltzitat:

http://2.bp.blogspot.com/-vKdChFbMMqs/U8UV0xQAwfI/AAAAAAAAB9o/Tv-8NAq3BhU/s1600/environment+quote+1.jpg

- Bild Chemiker

https://pathtoperfecthealth.com/nutrition/we-are-hardwired-for-pleasure/

- Hand hällt Welt

http://wassersprudler-ratgeber.de/wp-content/uploads/2015/01/Fotolia_57469525_XS.jpg

- Öltanker

https://www.pri.org/stories/2013-01-03/transocean-pay-14-billion-fine-deepwater-horizon-oil-spill

- Pelikan Öl

http://img.zeit.de/wissen/umwelt/2010-08/pelikan-oelpest-usa/pelikan-oelpest-usa-540x304.jpg/imagegroup/wide__820x461__desktop

- Kraftwerk

http://cdn4.spiegel.de/images/image-279493-galleryV9-fjah.jpg

- Treibhauseffek

https://i.ytimg.com/vi/sg9EhvQiDwQ/maxresdefault.jpg